AF509554

CULTURE DE LA VIGNE

COMPRENANT

LA PRODUCTION ARTIFICIELLE DES RAISINS

SUR LES VIGNES GELÉES OU INFERTILES ;

L'ART DE FAIRE ENRACINER LES BOUTURES

DE LA VIGNE ;

LE MARCOTTAGE CHINOIS ;

L'INCISION ANNULAIRE

PAR

Ch. CHEILLETZ

Viticulteur-Pépiniériste

EN VENTE

CHEZ L'AUTEUR, à MARS-LA-TOUR (Meurthe-et-Moselle)

Franco par la Poste et par retour du Courrier contre un Mandat de 3 fr. 50

En Vente également dans toutes les Librairies.

1893

Culture de la Vigne

CHAPITRE PREMIER.

L'Art de faire naître des raisins sur des vignes infertiles ou qui ont été gelées en hiver ou au printemps

Pour que l'on puisse comprendre facilement l'opération qui consiste à faire naître des raisins sur des bourgeons infertiles, quelques explications sont nécessaires. Je vais les donner d'une façon telle que l'on pourra procéder à coup sûr, sans hésitation, et avec une pleine et entière certitude de succès.

Sous notre climat, la vigne est infertile quand les gelées d'hiver ont détruit les yeux des sarments, et quand les gelées tardives de Mai et de Juin en grillent les jeunes pousses qui, à cette époque, sont en pleine végétation.

Elle est également infertile lorsqu'elle se trouve dans des sols manquant de calcaire, ou qu'elle ne reçoit pas des engrais convenables.

Nous allons indiquer le moyen de remédier à cette infertilité. Ce moyen repose sur la transformation des vrilles en grappes.

La fig. 1 présente l'aspect d'un bourgeon infertile. Il est pourvu de feuilles *a,* d'yeux *b,* de bourgeons anticipés *c* (ou sous-bourgeons ou contre-bourgeons) et de vrilles *d.*

Les bourgeons anticipés naissent à l'aisselle des feuilles lorsque le bourgeon primitif a atteint une certaine force étant en cours de végétation.

Fig. 1.

bourgeon infertile.

Les vrilles naissent pendant le cours de la végétation, au fur et à mesure de la pousse du bourgeon. Ces vrilles se présentent le plus souvent sous trois formes différentes.

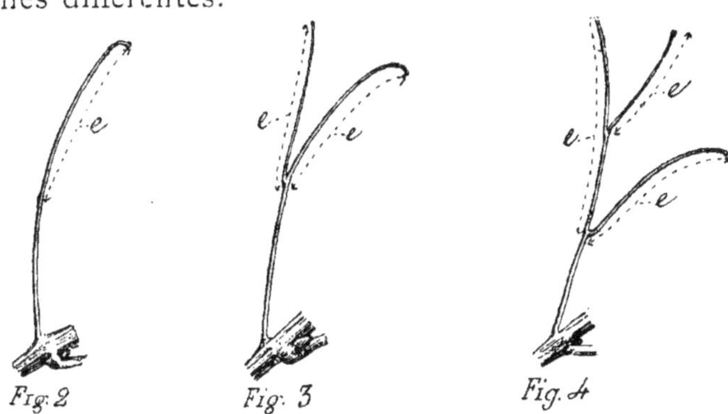

Fig. 2 — Vrille à 1 filament.

Fig. 3 — Vrille à 2 filaments.

Fig. 4 — Vrille à 3 filaments.

Elles portent 1, 2 ou 3 filaments *e,* fig. 2, 3 et 4.

La vrille qui porte un seul filament ne peut être transformée en grappe. Du reste elle se rencontre rarement.

Voici l'opération que l'on fait subir à celles qui portent 2 ou 3 filaments pour opérer leur transformation.

1ᵉʳ cas : La vrille à deux filaments. *fig. 3 et 5.*

De ces deux filaments le plus important est celui qui est le plus rapproché du bourgeon ; on doit soigneusement le conserver. On pincera l'autre à 5 ou 6 millimètres environ au-dessus de sa naissance, et peu de temps après cette opération on verra un raisin naître en différents points du filament conservé.

2ᵉ cas : La vrille à trois filaments. *Fig. 4 et 6.*

Comme dans le premier cas, on ne conservera que le filament le plus rapproché du bourgeon, et qui pousse dans le même sens que lui. L'autre partie qui comprend les deux autres filaments sera pincée au-dessus de sa naissance, à 5 ou 6 millimètres environ, comme dans le premier cas.

Les figures 5 et 6 représentent les deux vrilles opérées. Elles sont pincées en *f*

Fig. 5

Fig. 6.

Vrille à 2 filaments
pincée.

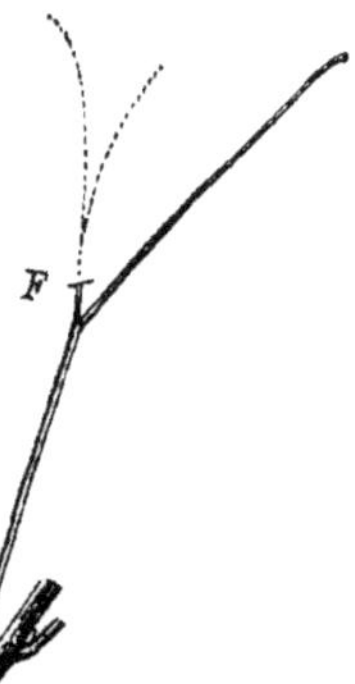

Vrille à 3 filaments
pincée.

La figure 7 représente une vrille transformée en raisin. Les raisins provenant de cette opération n'ont pas la même forme que ceux qui viennent naturellement ; ils sont plus écartés du bourgeon.

Une des conditions princi-pales de succès c'est de bien saisir le moment où il faut opérer. Le filament qui doit rester sur la vrille ne doit avoir environ en longueur que de 12 à 15 millimètres au moment du pincement.

Fig 7

Vrille transformée en grappe.

Si l'on tarde trop, la vrille aura perdu la faculté de se transformer en raisin et le pincement ne donnera plus aucun résultat.

Il est nécessaire de supprimer les bourgeons anticipés qui se trouvent à l'aisselle des feuilles, en face de chaque vrille opérée, au fur et à mesure de leur naissance. Ce travail devra se faire *avec le plus grand soin.*

Presque tous les raisins qui naissent naturellement sont accompagnés d'un filament stérile. Avant qu'ils soient en fleurs, on pincera ce filament à 5 ou 6 millimètres au-dessus de sa naissance. On augmentera ainsi considérablement la grosseur des grappes.

CHAPITRE II.

L'Art de faire enraciner les boutures de la Vigne.

Dans toutes les contrées de la France ou on cultive la vigne, chaque pays a son époque pour la plantation. Les uns plantent à la fin de l'automne, les autres au printemps. On ne peut donc préciser d'une manière générale l'époque la plus convenable pour chaque contrée. Cela tient à la nature du sol et du sous-sol, à l'exposition des terrains à planter et au climat de la contrée. Cependant dans la plupart des vignobles, les plants enracinés réussissent mieux à la fin de l'automne qu'au printemps, tandis que la reprise des boutures est plus sûre pendant cette dernière saison.

Multiplication de la Vigne.

La vigne se multiplie en boutures par rameaux, en boutures par crossettes, en chevelées et en plants enracinés élevés en pépinières.

La bouture par rameaux *(fig. 8)* provient de simples sarments sans talon ou tronçon de vieux bois.

Frg 8
Bouture par rameaux.

La bouture par crossettes *(fig. 9)* au contraire, est pourvue d'un talon ou tronçon de vieux bois.

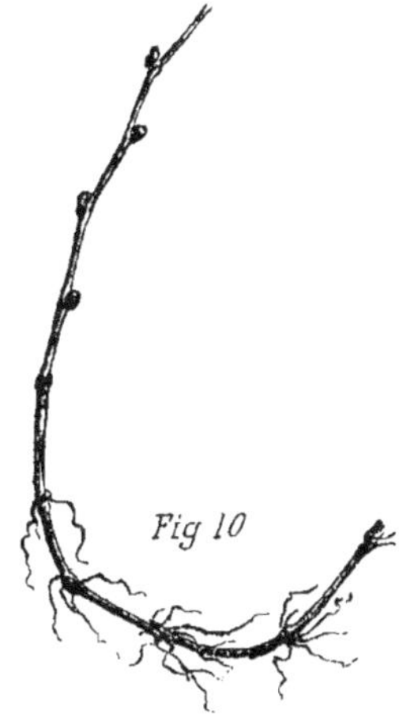

Fig 10

Chevelée ou provin.

Les chevelées, dits provins, sont des sarments qui ont été marcottés soit en vigne, soit dans des pépinières spéciales *(fig. 10)*.

Fig 9

Bouture par crossettes.

Les plants enracinés proviennent de boutures ayant pris racine en pépinière *(fig. 11)*.

La simple bouture par rameaux sans talon de vieux bois est préférable en tout point à la bouture par crossette.

Dans cette dernière, la circulation de la sève se fait difficilement à cause du vieux bois de la crossette qui fournit seul les racines.

Fig. 11.

Plant enraciné.

Les plants enracinés élevés en pépinière sont supérieurs à la chevelée. Leur reprise est plus sûre ; ils formeront des vignes plus robustes et d'une plus longue durée.

Voici un procédé nouveau et inédit pour faire des boutures avec toutes les chances de réussite.

En suivant exactement les indications données, elles reprendront toutes sans exception. Elles végéteront aussi vigoureusement que des plants enracinés.

On peut alors créer directement des vignes sans avoir besoin de mettre les boutures ainsi stratifiées en pépinière en attendant la mise en place.

A la taille du printemps on fait les boutures de la longueur habituelle. Si c'est pour les coucher en les plantant, elles doivent être plus longues que pour les planter droit.

En certaines localités on leur donne une longueur de 35 à 37 centimètres pour la plantation horizontale, et 25 à 27 centimètres pour la plantation droite ou verticale. Cette grandeur varie selon les sols et les sous-sols, et il est impossible de donner une règle générale à cet égard.

Les boutures seront coupées à la base, immédiatement au-dessous d'un œil, et à l'extrémité, à un centimètre au-dessus de l'œil terminal. Il est indifférent d'employer pour ce travail le sécateur ou la serpette.

Stratification.

Les boutures étant faites il faut choisir pour la stratification un terrain très meuble, dont le sous-sol soit perméable, une terre telle qu'elle soit propre à la culture de la vigne. Ce terrain sera exposé en plein air. Il ne sera ombré par aucun arbre, ni par un mur ou clôture quelconque. On y ouvrira à la bêche une tranchée de 40 à 50 centimètres de largeur, et d'une profondeur de 28 à 30 centimètres. Il est nécessaire de laisser au fond de la tranchée 5 à 6 centimètres de terre bien meuble. On y étalera un lit de boutures en leur donnant une position oblique de telle sorte que le gros bout (talon des boutures), soit de 10 à 12 centimètres plus élevé que l'extrémité. Le lit n'aura pas plus de 5 à 6 centimètres d'épaisseur afin d'éviter l'échauffement. On recouvrira ensuite la tranchée avec la terre meuble qui se trouve à côté, en ayant soin que la terre pénètre bien dans tous les vides, puis on piétinera de façon à fouler fortement la terre.

Le gros bout des boutures où s'émettent les racines ne devra être recouvert que de 10 à 12 centimètres de terre *(fig. 12)*.

Fig. 12. — Boutures en stratification.

Dans le cas où une grande sécheresse surviendrait, il serait nécessaire d'arroser au moins deux fois pendant le cours de l'opération.

Vers la fin de Mai ou au commencement de Juin, lorsque les gelées ne sont plus à craindre, il faut procéder directement à la mise en place. On retire avec les précautions nécessaires les boutures de la tranchée. Elles auront toutes des racines naissantes, et leurs yeux commenceront à se développer. Elles présenteront l'aspect de la fig. 13.

Si au lieu de les mettre en place directement on préfère faire une pépinière pour les y laisser une ou deux années, voici comment il faudra procéder :

Fig. 13
Bouture stratifiée.

D'abord l'emplacement pour la pépinière sera défoncé à 30 ou 35 centimètres de profondeur en Décembre ou au plus tard en Février. Au printemps on donnera un ou deux binages pour détruire toutes les mauvaises herbes. Sur la fin de Mai ou au commencement de Juin, on ouvrira à la bêche, en se servant du cordeau, une tranchée d'environ 25 centimètres, et d'une inclinaison de 30 à 40 degrés. On y placera les boutures stratifiées à la distance de 3 centimètres les uns des autres. On recouvrira ensuite les boutures de 5 à 6 centimètres de terre végétale. Si le terrain n'est pas suffisamment fumé on y mettra soit du fumier bien consommé, soit des composts, soit tout autre engrais propre à la vigne, puis on achévera de combler la tranchée. La terre devra être piétinée fortement, de telle sorte qu'elle adhère bien aux boutures. C'est une des conditions principales de réussite. Après on ouvrira une nouvelle tranchée à la distance de 30 centimètres de la pre-mière, et on achévera de combler celle-ci avec la terre extraite, et ainsi de suite.

Comme pour planter directement ou pour faire des pépinières, il est nécessaire de couper toutes les boutures sur l'œil le plus rapproché de terre. Moins les boutures seront élevées au-dessus du sol, moins elles souffriront des effets de la sécheresse ou des coups de soleil.

Le plant de deux ans a des racines ligneuses et robustes. Il est préférable pour la transplantation à celui d'un an. Il supporte mieux l'arrachage qui est souvent fait promptement et d'une façon défectueuse. Pour cet arrachage, on ne doit jamais tirer le plant ; il doit être soulevé avec une bêche enfoncée profon-dément. On le prend ensuite en le secouant légère-ment, de façon à obtenir le plus de racines possible.

CHAPITRE III.

Marcottage Chinois.

Cette sorte de marcottage, peu connu dans les vignobles, peut rendre de grands services quand on possède de bonnes variétés qu'on désire multiplier le plus possible.

Voici comment on le pratique : Avant la végétation du printemps, on ouvre de petites rigoles de la longueur des sarments et d'une profondeur de 8 à 10 centimètres. On y couche complétement tous ces sarments, et on les fixe par un nombre suffisant de petits crochets. Pendant la végétation, chaque œil donne un bourgeon qui pousse verticalement. Aussitôt que tous les bourgeons auront en hauteur 12 à 15 centimètres au-dessus du sol, on comblera les rigoles. Chaque bourgeon donnera alors l'année même un excellent plant ayant des racines nombreuses et fortes.

Il ne restera plus pour la mise en place qu'à pratiquer le sevrage, ce que tous les viticulteurs savent faire.

CHAPITRE IV.

Quelques mots sur l'Incision annulaire.

L'incision annulaire a été découverte en 1770 par Lancry. En la pratiquant sur la vigne, elle empêche la coulure, augmente d'un tiers environ le volume des raisins et avance la maturité de douze à quinze jours. Elle doit se faire aussitôt que la grappe est complètement défleurie et quand ses grains sont bien visibles.

L'incision est faite sur le bourgeon immédiatement au-dessous du point d'attache de la grappe *(fig. 14)*.

Fig. 14.

Incision annulaire

Ce travail se fait promptement et très bien avec le nouveau modèle de coupe-sève *(fig. 15)*.

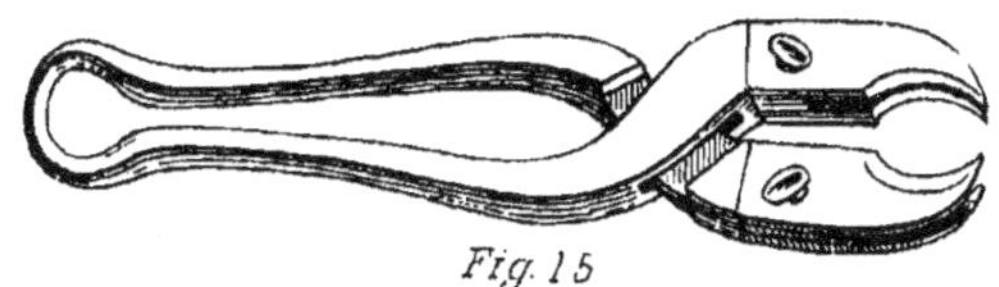

Fig. 15

Nouveau modèle de coupe-sève.

Il peut se faire que deux ou trois grappes existent sur le même bourgeon. Dans ce cas, la plus basse doit être seule incisée ; les autres auront absolument autant d'avance qu'elle.

Il n'y a pas de temps à perdre pour pratiquer cette opération qui ne peut se faire que pendant six à huit jours, selon la température. Après ce délai elle ne produirait plus aucun effet ; au contraire, elle nuirait à la vigne.

L'anneau à enlever ne doit pas avoir plus de 5 millimètres, afin que la communication puisse se rétablir facilement.

Voici comment s'explique le résultat de ce procédé : Les racines puisent dans le sol les matières propres à la végétation. D'autre part, les feuilles puisent dans l'air du gaz, acide carbonique, de l'ammoniaque, etc.

Les seuls organes absorbants de la vigne sont donc les racines et les feuilles.

La sève est l'agent principal de la végétation. Elle monte de l'extrémité des racines par les couches les plus intérieures de la vigne pour se modifier dans les cellules des feuilles. Ensuite elle redescend par les couches les plus extérieures et prend alors le nom de *cambium* ou sève descendante.

L'incision étant faite, la sève *(cambium)* ne peut descendre plus bas que l'anneau de l'incision, et par conséquent en restant accumulée au-dessus elle fait acquérir aux grappes un développement considérable qu'elles conservent toujours.

CHAPITRE V.

Conseils aux Propriétaires viticulteurs.

Les vignerons de l'est, de l'ouest et du centre de la France savent que ce sont les variétés de petites races qui produisent le vin le plus fin, le plus délicat, et par conséquent celui qui se vend le plus cher. Dans beaucoup de contrées on les arrache impitoyablement pour les remplacer par des variétés de grosse race à grand rendement. Cet abandon est dû à ce que les petites races produisent peu depuis un certain nombre d'années et aussi parce qu'on recherche maintenant plutôt la quantité que la qualité.

Puisque, avec cette brochure, vous avez le procédé pour obtenir du raisin tous les ans, n'arrachez plus vos vignes. Fumez, amendez autant que le terrain l'exige. Donnez à vos vignes leur degré maximum de végétation. N'épargnez plus la main d'œuvre, puisque vous êtes sûr d'obtenir une récolte abondante.

Si vous voulez créer ou repeupler des vignes, choisissez les cépages les plus fins de vos localités. Vous en connaissez les qualités et les défauts mieux que personne. Ne prenez des sarments pour bouturer que sur des vignes ayant de six à douze ans d'âge, vigoureuses, exemptes de toute maladie. Le bois doit en être sain, fort, bien vigoureux. Donnez toujours la préférence aux variétés rustiques végétant vigoureusement.

Il existe certainement des variétés américaines en producteurs directs qui ont certains mérites, mais elles n'équivaudront jamais aux excellentes variétés françaises.

Quant aux porte-greffe américains greffés avec des variétés françaises, c'est certainement ce qui rend déjà et rendra les plus grands services dans les vignobles phyloxerés et dans ceux où, pour une cause quelconque, la vigne ne pousse plus.

Je laisse à d'autres plus compétents que moi sur ce sujet le soin de vous en faire connaître les qualités et les défauts, afin que vous puissiez en faire un choix judicieux.

La vigne est une plante très riche dont la plantation et la culture sont coûteuses. Par conséquent, il ne faut planter que de bons cépages connus, afin d'avoir à peu près toutes les chances de réussite.

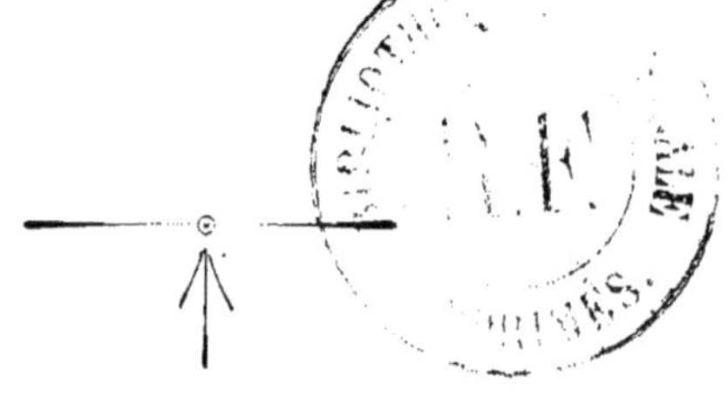

Imprimerie J. Royer, Nancy.